我的小问题·科学 Q

光

[法] 塞德里克·富尔 / 著
[法] 奥莱丽·韦尔东 / 绘
唐　波 / 译

北京时代华文书局

为什么我们能看到
周围的事物？

光是如何到达我们
身边的？

光和影
总是相连吗？

彩虹
是如何形成的？

为什么
天空会改变颜色？

为什么看太阳时必
须做好防护？

为什么西红柿显现
出红色？

光是生命
所必需的吗？

为什么
影子会改变形状?
第10—11页

为什么玻璃杯中的
吸管看起来像
断了一样?
第12—13页

光是什么颜色的?
第14—15页

什么是"食"?
第20—21页

我们的眼睛
是如何让我们看到
万物的?
第22—23页

萤火虫
是如何发光的?
第30—31页

什么是光年?
第32—33页

关于光的小词典
第34—35页

为什么我们能看到周围的事物？

光让我们看到了周围的事物。在一间光线充足的房间里，所有的物体都向我们的眼睛反射着光线。能自行发光的物体叫作**光源**。

一直以来，我们生活的世界里就存在许多自然**光源**。白天，太阳照亮了整个天空。夜晚，星星散发出淡淡的光辉。而在雷暴天气，会出现蔚为壮观的闪电。

今天，我们身边有很多人造**光源**：房间里的灯泡，街上的路灯，多媒体显示屏……

有些物体是可见的，因为它们本身就会发光。比如，一盏灯，一簇火，还有太阳和恒星。

还有些物体虽然不能发光，但是能将它们从光源接收到的光反射到四面八方。

在我们周围，到处都可以看到这些很常见的物体：一本书，一幅画，一张照片，一棵树……

夜晚，如果我们把灯关掉，它们就变得看不见了。

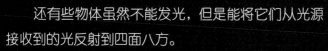

光是如何到达我们身边的？

当天空是蓝色的时候，我们看不到太阳光的路线。但是，如果空中有雾或者云朵，我们就可以观察到光线了。

在空气中，**光线**是以直线的方式从太阳射向被照亮的物体的。光的轨迹是**直线**。

带有灯罩的灯泡悬挂在天花板上，从上往下照亮了房间。光会被粗糙的表面无规则地向各个方向反射，**漫射**到整个房间。

因此，我们就很清楚地看到了床、书桌、玩具，以及角落里的球，而电灯并没有直接将球照亮。

光遇到反光的物体时会返回，就像球打在墙上会回弹一样。这时，我们说，光被**反射**了。

你可以观察镜子反射出的你的像。但要注意！镜中的你与现实中的你是相反的。你的左手在镜中变成了右手。

因为有了光的**反射**，我们可以制作一个潜望镜，它能让我们四处观察但不会被人发现，就像在潜水艇里一样。

小实验

制作一个潜望镜

准备两面镜子、两个牛奶盒、一把剪刀和一卷胶带。

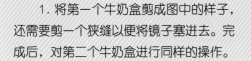

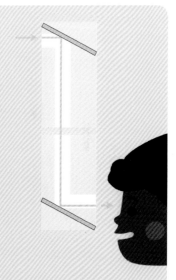

1. 将第一个牛奶盒剪成图中的样子，还需要剪一个狭缝以便将镜子塞进去。完成后，对第二个牛奶盒进行同样的操作。

2. 将两个牛奶盒接上并用胶带粘好。

3. 图像被投射到上方的镜子上，这面镜子又将其反射到下方的镜子上，在这里，图像被反射到了我们的眼中！

光和影总是相连吗 ❓

当光线遇到**不透明**的物体而无法穿过时，就会形成影子。光源、物体和影子总是在一条直线上。

这个小朋友被聚光灯照亮了，一个勾勒出她轮廓的**影子**出现在地面上。这是她身体的**投影**。

身体的一部分被照亮，而另一部分，即背部，还是阴暗的，这部分叫作**自身阴影**。

一个人可以有好几个影子。

足球场四周的照射灯照在足球运动员身上，形成了好几个影子：每个光源都会形成一个影子。

有些物体是没有影子的，比如眼镜片、玻璃，光能穿过这些物体，我们也能透视它们。它们是**透明**的。

半透明的物体，比如塑料尺子或透写纸，能让光穿过，但是不能给我们提供一个很清晰的视野。它们有一个比较淡的影子。

制作并使用影子剧院

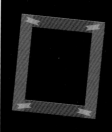 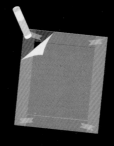 

1. 用胶带将硬纸板条粘起来，拼接成一个长方形的框架。

2. 将一张透写纸粘在框架上，制成一个**屏幕**。

3. 用小木棍操纵从纸板上剪下来的图形。

4. 将剪好的图形在点亮的灯和屏幕之间移动，图形的影子就被投射到屏幕上。好了，现在你来给大家讲个故事吧！

为什么影子会改变形状？

　　白天，被太阳照射的树的影子一直在变化。它会改变形状、大小，还有方向。

树的影子的形状取决于太阳相对于树的位置。

因为太阳光沿着直线传播，所以影子总是朝着与太阳相反的一面。

这个孩子几乎没有影子！因为现在是中午，太阳在空中处于最高点。

我们在手电筒和屏幕之间放一本书。书的影子会投射在屏幕上。

影子的大小取决于书相对于光源以及屏幕的距离。

书离屏幕越近，离光源越远，影子就越小。

相反，书离手电筒越近，影子就会越大。

改变书的角度会改变影子的形状。

小实验

和影子一起玩

准备一个手电筒和一根胶棒。

有了这两样东西，我们就可以和影子一起玩了：

1. 最小的影子。　2. 最大的影子。　3. 最清楚的影子。　4. 最模糊的影子。　5. 各种形状的影子。

为什么玻璃杯中的吸管看起来像断了一样？

　　光是沿直线传播的。但是当光从一种透明介质（比如空气、水、玻璃）射入另一种透明介质时，传播方向会发生改变。这就是光的**折射**。

　　观察插在水杯里的吸管，我们会觉得吸管在水面的位置处是断的。

　　水中部分的吸管与露出水面的那部分吸管看起来发生了错位。

　　吸管会将光反射回我们的眼睛。这些光线穿过了两种不同的介质：水和空气。当它们穿过水和空气的交接面时发生了**偏离**。因此我们有吸管断了的感觉。

举个例子，当我们坐在游泳池边时，这种**折射**现象会使我们浸在水中的小腿看起来缩小了，且发生了变形。

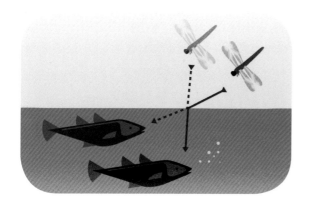

一些鱼以飞在水面上的昆虫为食。它们看到的这些昆虫并不是处于其真正所在的位置，而是方向发生了偏离的地方。

它们必须好好瞄准才能在跃出水面后迅速捕捉到猎物！

眼镜的镜片会折射穿过它的光。幸亏有了这种折射现象，眼镜才能帮助我们矫正视力问题。

小实验

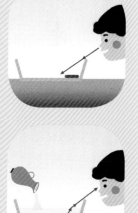

阿基米德的实验

大约 2 250 年前，古希腊科学家阿基米德观察到了一个现象：将一个物体放到盆底，当我们离它一定距离时，便看不到盆中的物体了；但是如果我们将盆中注满水，在此前看不到物体的地方，无需移动，我们却又能看到盆中的物体了。

1. 为了做这个实验，我们需要在碗里放一枚硬币，然后向后退，直到看不见硬币为止。

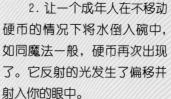

2. 让一个成年人在不移动硬币的情况下将水倒入碗中，如同魔法一般，硬币再次出现了。它反射的光发生了偏移并射入你的眼中。

这就是**折射**！

光是什么颜色的❓

太阳或电灯发出的光都是白光，它是由不同颜色的光混合而成的。

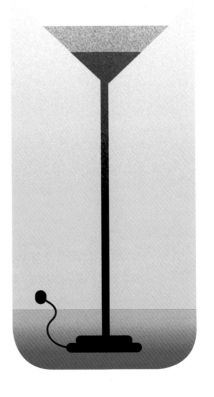

要想看到白光中包含的所有颜色，只需观察 CD 或是肥皂泡即可。

我们可以看到七种颜色：紫、靛、蓝、绿、黄、橙、红。它们形成了可见的**光谱**。

含有多种颜色的光是**多色光**。

白光便是多色光，比如灯发出的光，它会向四面八方漫射。

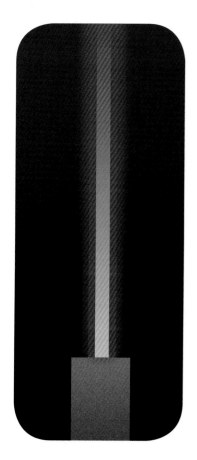

只含有一种颜色的光被称为**单色光**。

激光器是一种能产生单色光的设备。这种单色光会形成**激光**束并只向一个方向发射。

多彩的陀螺

我们可以像科学家艾萨克·牛顿一样，证明白光是多种颜色的光的组合。

1. 从白色卡片纸上剪下一个圆盘。

2. 用铅笔和直尺在圆盘上画出七个相等的部分，分别涂上红、橙、黄、绿、蓝、靛、紫七种颜色。

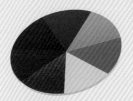

3. 在圆盘中心插一根牙签，我们便得到了一个陀螺。

4. 当陀螺快速旋转时，七种颜色会混合在一起，圆盘会变成白色。

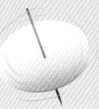

彩虹是如何形成的 ❓

　　雨后天空开始转晴，阳光照耀时，空中便经常会出现彩虹。在瀑布的上方，或是对着空中喷水时，我们也能见到彩虹。

　　当太阳光穿过空中的水滴时，会发生**折射**，组成这些光线的不同颜色的光便会分散开。这些分散的光线再被水滴反射出来，一道彩虹就形成了。

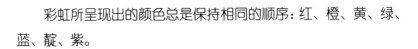

　　彩虹所呈现出的颜色总是保持相同的顺序：红、橙、黄、绿、蓝、靛、紫。

　　每颗水滴会反射所有颜色的光，但是站在地面上观察时，我们的眼睛只能看到每颗水滴反射出的一种颜色的光。红色来自最高处的水滴，紫色则来自最低处的水滴。

我们是不可能站到彩虹脚下的。观察彩虹的人总是处于太阳和彩虹之间，太阳在他身后，而彩虹的顶端则出现在他前方。当观察者移动时，彩虹也会随之移动。

小实验

制造一道彩虹

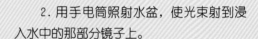

准备一面镜子、一盆水、一个手电筒和一张白纸。

1. 将半面镜子浸到水盆中。镜子必须倾斜放置。

2. 用手电筒照射水盆，使光束射到浸入水中的那部分镜子上。

3. 将白纸放在镜子前，用来捕捉镜子反射的光线。

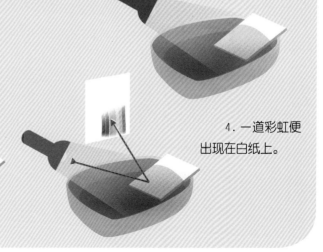

4. 一道彩虹便出现在白纸上。

为什么天空会改变颜色？

　　天空是包含空气的大气层可以被我们看到的部分。白天，在太阳的照耀下，天空呈现出蓝色。但是在早晨和傍晚，在日出和日落时，天空会泛红。

　　光沿直线传播，但通过不均匀介质时，一部分光会偏离原来的传播方向，这叫作光的**散射**。

　　当太阳光进入**大气层**时，会遇到充满微小颗粒的空气。于是它们被散射到了四面八方。

　　蓝光是散射得最快的光。因此，我们最先看到的是太阳光中的蓝光，它在白天的大部分时间里布满天空。

　　但是黎明或傍晚时分，由于太阳离我们更远，太阳光在**大气层**中传播的路程也更长。因此，红光有了更多的时间大量散射，天空便呈现出橙色或红色。

广口瓶里的天空

准备一个装满水的广口瓶、一些牛奶、一个手电筒和一个卷纸筒。

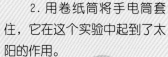
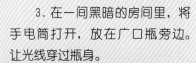

1. 用装满水的广口瓶来代表天空。将半茶匙的牛奶倒入广口瓶，充分搅拌均匀。

2. 用卷纸筒将手电筒套住，它在这个实验中起到了太阳的作用。

3. 在一间黑暗的房间里，将手电筒打开，放在广口瓶旁边。让光线穿过瓶身。

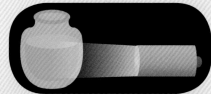

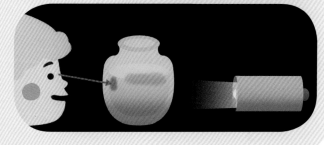

4. 站在广口瓶旁观看，你会看到有蓝色出现。当手电筒的白光与瓶中很小滴的牛奶相遇时，蓝光便从旁边与其他颜色的光分离开来。

5. 透过瓶身看手电筒，你会看到红色。红光没有机会散射，它会沿着直线前行。

如果没有**大气层**，我们将看到一片漆黑的天空，而在日光下，星星也会清晰可见。

在月球上，天空就是黑色的，因为那里没有**大气层**。

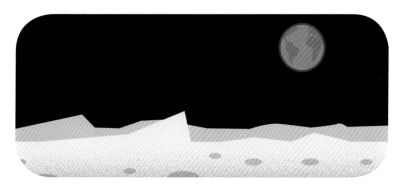

什么是"食"？

"**食**"是月球运行到地球和太阳之间遮蔽了太阳，或地球运行到太阳和月球之间遮蔽了月球时出现的现象。

当**日食**发生时，太阳在白天消失了。地球上的部分地区会在几分钟的时间里处于黑夜状态。

此时月球位于太阳和地球之间，因此地球有一部分区域处于月亮的阴影之中，只有居住在这个区域的人才可以观察到日食。

千万不要用肉眼或戴着太阳镜观看日食或太阳。它的光线非常强烈，会将眼睛灼伤。因此，必须使用特殊的眼镜，保护好自己。

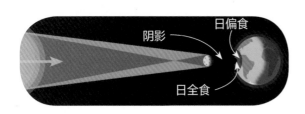

当**月食**发生时，月亮会在夜晚消失几分钟。此时地球处于太阳和月球之间。月亮之所以会消失不见，是因为它处在地球的阴影里。

月食发生在满月的晚上，处于夜晚的所有人都可以看到。

区分日食和月食

我们可以用一盏灯（代表太阳）、一个地球仪（代表地球），以及一个圆球（代表月球）来再现日食和月食。

1. 为了让日食出现，需要将圆球放在地球仪和灯之间。

2. 为了让月食出现，需要将地球仪放在圆球和灯之间。

我们的眼睛是如何让我们看到万物的？

当我们观察一个物体时，我们的眼睛会接收到来自该物体及其周围环境的光。然后，我们的大脑会分析这种光，并对我们看到的东西作出解释。

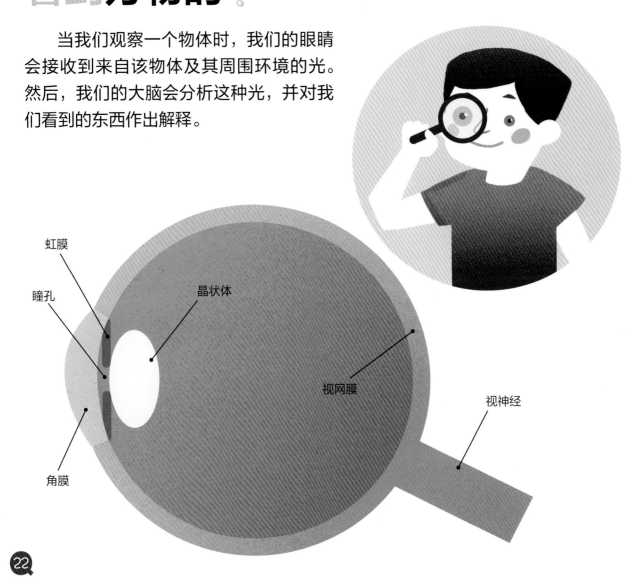

虹膜

瞳孔

晶状体

视网膜

视神经

角膜

玩具的图像，更准确地说是玩具反射的光，通过**瞳孔**进入眼睛。瞳孔通过扩大或缩小来增加或减少进入眼睛的光量。

如果光太多，我们会感到炫目；如果光不够，图像便会不清晰。

视网膜中的一些**细胞**对光很敏感，这就是视杆细胞，它们能将阴暗的事物与明亮的事物区分开来。还有一些细胞能区分颜色，这些是视锥细胞。

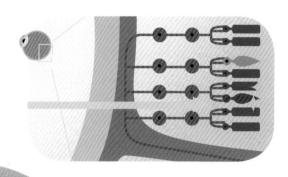

图像被投射在眼睛底部的视网膜上。

在视网膜上形成的图像是模糊的、倒置的，且不是全彩色的。

视神经将眼睛连接到大脑。它将图像从视网膜传递到大脑，由大脑对图像进行矫正和解释。

为什么看太阳时必须做好防护？

对我们的视网膜有危险的并不是可见光。当可见光太强时，我们会感到炫目，但真正的危险来自那些看不见的光。

太阳发射出可见的白光。但同时，它也会发射出人眼看不见的光线：**红外线**和**紫外线**。

紫外线			可见光线	红外线
短波紫外线	中波紫外线	长波紫外线		

如果不注意的话，暴露在这些光线下会灼伤或损坏我们的眼睛。

普通太阳镜在日常生活中能起到一定的保护眼睛的作用，但是当我们想观察太阳时，它们是达不到要求的。

一些天文学家对太阳很感兴趣。为了研究太阳，他们在眼镜和望远镜上加了一些起保护作用的设备：滤光器。

有一些仪器是专门用来观察太阳的。日冕仪能模拟日食现象，从而将日冕（太阳周围的光环）显现出来。

小实验

安全地观察太阳

1. 用大头针在硬纸板上钻一个小孔。

2. 在纸板后面放一张纸。

3. 当我们把小孔对准太阳时，太阳光就会穿透过来，投射在纸上。这样，我们没有直接看太阳，而是在纸上看到了它的影像。

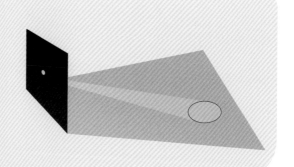

为什么西红柿显现出红色？

同一个物体会因照亮它的光线的不同而显现出不同的颜色。因此，颜色并不能成为物体的特征，它只是光对物体表面所产生的影响。

太阳光是由多种颜色的光混合而成的。一些物体被太阳照亮时，能将太阳光全部反射回去。而另一些物体只能反射一部分太阳光，其余的光线都被它们吸收了。

白天，被太阳光照亮的西红柿显现出红色，那是因为它的果皮只能**反射**照亮它的光线中的红色光，其余颜色——从紫色到橙色的光线，都被它吸收了。

用**单色光**照亮西红柿，可以改变它的颜色。

如果我们将西红柿放在黑暗的环境里，然后用黄色光将它照亮，我们会发现它看起来还是红色的。实际上，黄色光是由红色光和绿色光组成的。西红柿吸收了除了红色光以外的所有光：它的表面看起来没有变化。

用品红色的灯光将西红柿照亮，它仍然是红色的。品红色光是由红色光和蓝色光组成的。西红柿吸收了蓝色光，并将红色光反射了回去。在这种颜色的灯光的照耀下，西红柿绿色的果柄呈现出黑色，因为品红色里不含绿色。

如果西红柿接收到的光是绿色或者蓝色，它便会呈现出黑色。因为这些颜色的光里不含红色光，西红柿吸收了所有的光线，且不会发生任何反射。它的果柄在绿光下还维持绿色，但是在蓝光下便变成了黑色，因为蓝光里没有绿色。

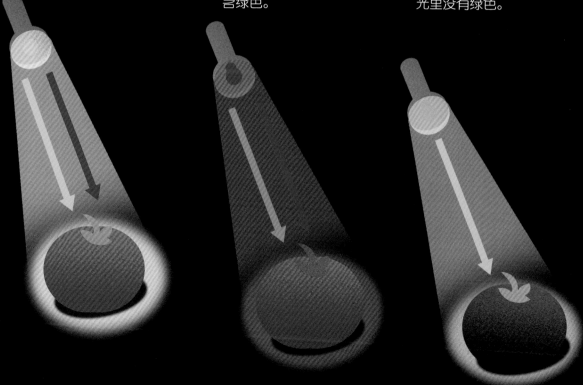

光是生命所必需的吗❓

光的首要功能是让我们看到万物。但它还有其他作用。

当我们睡觉时，我们是不需要光的，但其他时间，光是必需的。我们早上起床后的第一件事就是把灯打开。

我们都有一个生物钟来调节我们的生命活动：睡眠、清醒、体温……这一周期每24小时（一天一夜）重复一次。

光对生物钟的节奏是有影响的。它影响着我们身体的发育及我们的行为。光对我们的健康是非常重要的，它能为我们提供能量。

在光线充足的房间我们更容易集中注意力。黑暗的环境会触发我们的大脑产生一种叫作褪黑素的物质。这种物质会引起疲劳感并让我们做好入睡的准备。

灯光是城市基础设施的组成部分，在城市的交通安全、社会治安、人民生活中发挥着不可替代的作用。

有了**光纤**，我们能建立起互联网网络。

大多数动物都对光很敏感。它们通常和我们一样有一双眼睛，但它们眼睛的大小和我们的不同。大王乌贼拥有动物界里最大的眼睛，它们的眼睛直径可达30厘米。

植物也需要光。光使**光合作用**得以实现。没有光，植物就不能产生其生长所需的食物——糖。

萤火虫是如何发光的？

有些动物能够通过体内的化学反应自行发光。

在乡村的夏夜，一些昆虫在黑暗中闪闪发光，它们就是萤火虫。

这种光来自一种化学反应，这种反应是在萤火虫的腹部发生的。这就是我们所说的**生物发光**。

在繁殖期，萤火虫用这种光来吸引异性。

我们在海洋深处也发现了一些可以发光的动物。它们利用**生物发光**来吸引猎物、伪装自己、进行自卫、与同类交流或为自己照明。

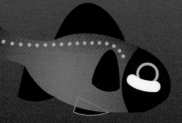

灯眼鱼和某些枪乌贼会发光照亮海底。

一些水母能让自己的身体发光，给其他海洋生物带来一种震慑感。因此，它们能将那些想要吃掉自己的鱼赶跑。

生活在黑暗的海洋深处的鮟鱇（ānkāng）鱼有一种可以发光的**器官**，它通过这种光来吸引猎物。

一些墨鱼和小虾能吐出一种发光的混合物来击退敌人并逃跑。

什么是光年？

和千米一样，光年也是一种距离的计量单位。在天文学中，光年被用来表示非常远的距离，比如地球与恒星之间以及地球与星系之间的距离。

在"**光年**"这一表述方式中，"年"指的是**持续时间**，而"光"指的是光传播的**距离**。

一光年指光在一年时间里传播的距离。于40多年前发射的旅行者1号空间探测器是离地球最远的人造物体，距离我们超过200亿千米。

1年＝365天
1天＝24小时
1小时＝60分钟
1分钟＝60秒

走完相同的距离，光需要大概19小时。

光在一秒的时间里传播的距离大约是300 000千米，因此，在一年的时间内，它传播的距离为300 000 × 365 × 24 × 60 × 60 ＝ 94 608亿千米！

太阳距离地球 1.496 亿千米，因此它发出的光要经过 8 分 20 秒左右才能到达地球。

月亮距离我们 380 000 千米，它反射的太阳光只需一秒多钟就能到达地球。

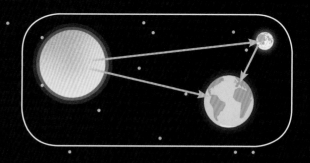

银河系是太阳系所在的星系，它的**直径**为 120 000 **光年**。

排在太阳之后，离我们最近的恒星是比邻星，它距离我们有 4.22 **光年**。它的光需要经过 4 年 3 个月左右才能到达地球。

太阳系

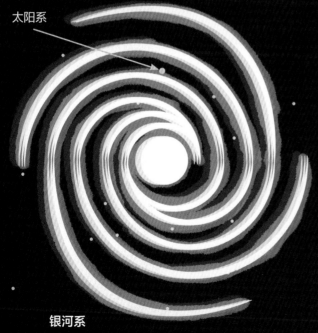

银河系

而北极星距地球约 433 **光年**。

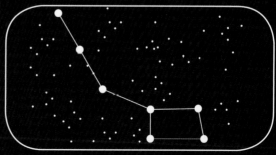

关于光的 小词典

　　这两页内容向你解释了当人们谈论光时最常用到的词，便于你在家或学校听到这些词时，更好地理解它们。正文中的加粗词汇在小词典中都能找到。

半透明： 能让光线穿过，但是不能给我们提供一个很清晰的视野。

不透明： 光不能穿过的。

持续时间： 两个时刻之间所间隔的时间。

大气层： 地球最外部的气体圈层。

单色光： 只含有一种颜色的光。

多色光： 由多种颜色的光组成的光。

反射： 光线遇到障碍物后向另一个方向发生偏离的现象。

光合作用： 绿色植物利用光，将水和二氧化碳合成让其生长的食物——糖的过程。

光年： 长度单位，一般用于衡量天体之间的距离，指光在真空中一年里传播的距离。

光谱： 组成光的彩色光按波长大小排成的光带。

光纤： 由玻璃或塑料制成的纤维，能传导光并传送讯息。

光线： 从光源发出的光所经过的路线。

光源： 发光的物体。

红外线： 一种肉眼不可见的光线。

激光： 只由一种颜色组成，并且只朝着一个方向发射的光。

激光器： 能发射激光的装置。

距离： 两点之间的长度。

漫射： 平行的入射光线射到粗糙的表面时，粗糙的表面会把光线向各个方向反射的现象。

偏离： 轨迹发生改变。

屏幕： 供投射或显示图像的装置。

器官： 用来完成特定功能的身体部位。

人造光源： 人类用火（比如蜡烛）或电（比如电灯）制造的光源。

日食： 月球运行到地球和太阳的中间时，太阳光被月球挡住，不能射到地球上来，这种现象叫日食。

散射： 光通过有尘埃的空气等介质时，有一部分光线偏离原来的方向向四面八方传播的现象。

生物发光：生物自行产生并发出亮光。

食：月球运行到地球和太阳之间遮蔽了太阳，或地球运行到太阳和月球之间遮蔽了月球时出现的现象。

视神经：将信息从眼睛传递到大脑的结构（身体的一部分）。

瞳孔：眼睛的一部分，能让光进入眼中。

投影：投射在屏幕上（地上或墙上）的影子。

透明：能让光线穿过，而且能让我们清晰地将其看穿。

细胞：构成所有生物体的基本单位。

影子：当光源照到不透明物体时所形成的阴暗区域。

月食：地球运行到月球和太阳的中间时，太阳光正好被地球挡住，不能射到月球上去，月球上就会出现黑影，这种现象叫月食。

折射：当光线从一种介质传播到另一种介质（比如从空气到水）时方向发生改变的现象。

直径：穿过圆心且两个端点都在圆周上的线段。

直线：笔直的线。

紫外线：一种肉眼不可见的光线。

自身阴影：被光源照射的物体的未被照明面。

图书在版编目（CIP）数据

光 / （法）塞德里克·富尔著；（法）奥莱丽·韦尔东绘；唐波译. — 北京：北京时代华文书局，2022.4
（我的小问题. 科学）
ISBN 978-7-5699-4557-7

Ⅰ. ①光… Ⅱ. ①塞… ②奥… ③唐… Ⅲ. ①光学—儿童读物 Ⅳ. ① 043-49

中国版本图书馆 CIP 数据核字（2022）第 035623 号

Written by Cédric Faure, illustrated by Aurélie Verdon
La lumière – Mes p'tites questions sciences © Éditions Milan, France, 2018

北京市版权著作权合同登记号　图字：01-2020-5898

本书中文简体字版由北京阿卡狄亚文化传播有限公司版权引进并授予北京时代华文书局有限公司
在中华人民共和国出版发行。

我 的 小 问 题·科 学　光
Wo　de　Xiao　Wenti　Kexue　Guang

著　　者 |［法］塞德里克·富尔
绘　　者 |［法］奥莱丽·韦尔东
译　　者 | 唐　波

出 版 人 | 陈　涛
选题策划 | 阿卡狄亚童书馆
策划编辑 | 许日春
责任编辑 | 石乃月
责任校对 | 张彦翔
特约编辑 | 申利静
装帧设计 | 阿卡狄亚·戚少君
责任印制 | 訾　敬
营销推广 | 阿卡狄亚童书馆
出版发行 | 北京时代华文书局 http://www.bjsdsj.com.cn
　　　　　北京市东城区安定门外大街 138 号皇城国际大厦 A 座 8 楼
　　　　　邮编：100011 电话：010-64267955 64267677
印　　刷 | 小森印刷（北京）有限公司　010-80215076
开　　本 | 787mm×1194mm　1/24　　印　张 | 1.5　　字　数 | 36 千字
版　　次 | 2022 年 5 月第 1 版　　印　次 | 2022 年 5 月第 1 次印刷
书　　号 | ISBN 978-7-5699-4557-7
定　　价 | 118.40 元（全 8 册）